essentials

essentials liefern aktuelles Wissen in konzentrierter Form. Die Essenz dessen, worauf es als „State-of-the-Art" in der gegenwärtigen Fachdiskussion oder in der Praxis ankommt. *essentials* informieren schnell, unkompliziert und verständlich

- als Einführung in ein aktuelles Thema aus Ihrem Fachgebiet
- als Einstieg in ein für Sie noch unbekanntes Themenfeld
- als Einblick, um zum Thema mitreden zu können

Die Bücher in elektronischer und gedruckter Form bringen das Expertenwissen von Springer-Fachautoren kompakt zur Darstellung. Sie sind besonders für die Nutzung als eBook auf Tablet-PCs, eBook-Readern und Smartphones geeignet. *essentials:* Wissensbausteine aus den Wirtschafts-, Sozial- und Geisteswissenschaften, aus Technik und Naturwissenschaften sowie aus Medizin, Psychologie und Gesundheitsberufen. Von renommierten Autoren aller Springer-Verlagsmarken.

Weitere Bände in der Reihe http://www.springer.com/series/13088

Jakob Jannis Bürger

Transformationsprozesse und Stromnetzausbau

Herausforderungen für die deutsche Energie-Infrastruktur

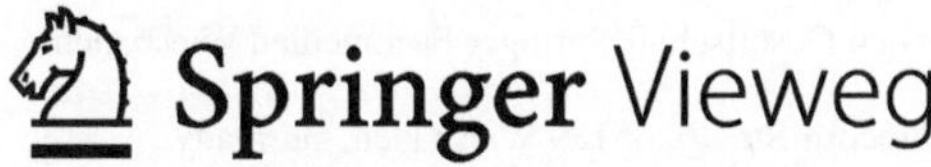

Jakob Jannis Bürger
Paris, Frankreich

ISSN 2197-6708   ISSN 2197-6716   (electronic)
essentials
ISBN 978-3-658-23381-5   ISBN 978-3-658-23382-2   (eBook)
https://doi.org/10.1007/978-3-658-23382-2

Die Deutsche Nationalbibliothek verzeichnet diese Publikation in der Deutschen Nationalbibliografie; detaillierte bibliografische Daten sind im Internet über http://dnb.d-nb.de abrufbar.

Springer Vieweg ist ein Imprint der eingetragenen Gesellschaft Springer Fachmedien Wiesbaden GmbH und ist ein Teil von Springer Nature
Die Anschrift der Gesellschaft ist: Abraham-Lincoln-Str. 46, 65189 Wiesbaden, Germany

Was Sie in diesem *essential* finden können

- Ein Verständnis des historischen Stromnetzausbaus
- Überblick über den Planungsstand und bisherige Entwicklungen
- Zukünftige Entwicklung der Verteilnetze

Vorwort

Die Energiewende ist eines der zentralen gesellschaftlichen, politischen und wirtschaftlichen Themen unserer Zeit. Sie geht einher mit einer Umgestaltung der bisherigen Infrastruktur und stellt dementsprechend die deutschen Stromnetze vor beachtliche Herausforderungen. Doch auch von anderer Seite geraten die deutschen Netze unter Druck, etwa durch versäumte Modernisierungen und durch eine veränderte Marktstruktur in Deutschland und Europa. Um diese Herausforderungen zu stemmen und mit dem Ausbau dezentraler Energien Schritt zu halten, wurden von Politik, Regulierungsbehörden und Netzbetreibern Ausbaupläne erstellt und entsprechende Maßnahmen eingeleitet.

Allerdings ist vor dem Hintergrund des massiven Handlungsbedarfs ungewiss, wie schnell die jeweiligen Projekte umgesetzt werden können, sodass das Thema des Netzausbaus voraussichtlich auch in Zukunft stets neu verhandelt und adjustiert werden muss. Als Beitrag für die Verortung dieser Debatte liefert dieses Buch einen Überblick über die bisherige Entwicklung des Netzausbaus sowie der politischen Netzausbauplanung in Deutschland.

Jakob Jannis Bürger

Inhaltsverzeichnis

Über den Autor

Jakob Jannis Bürger hat sein Studium in Berlin und Paris mit einem Master in *Affaires européennes* an der Sorbonne Universität in Paris abgeschlossen. Jannis Bürger hat mehrere Jahre auf dem Gebiet europäischer Energiethemen gearbeitet, sowohl für die interne Beratung beim französischen Stromkonzern EDF als auch als Markt- und Politikspezialist am European Institute for Energy Research (EIfER) in Karlsruhe. Dort lag ein Schwerpunkt seiner Arbeit auf dem deutschen Stromnetzausbau und dessen Bedeutung für die Energiewende und für die europäischen Strommärkte. Derzeit ist Jannis Bürger in New York tätig als Consultant für Strategie und Implementierung, vornehmlich in Bezug auf dezentrale Energietechnologien und deren Integration in bestehende Märkte und neue Geschäftsmodelle.

Einleitung 1

Die Energiewende stellt zweifelsohne eine große Herausforderung für die deutschen Stromnetze dar. Es gilt, von einem zentralisierten top-down System zu einem dezentralisierten bottom-up System zu gelangen. Zudem sind die auf erneuerbaren Energieträgern basierenden Erzeugungsanlagen vermehrt im Norden und im Osten Deutschlands angesiedelt, während ein Großteil des Verbrauchs im Westen und im Süden anfällt.

Die Herausforderungen, denen die Stromnetze derzeit ausgesetzt sind, sollten jedoch nicht ausschließlich auf die Nutzung erneuerbarer Energien zurückgeführt werden. Es kommen noch zahlreiche andere Transformationsprozesse und Faktoren hinzu, die zu verstärktem Druck auf die Stromnetze führen, bzw. die durch Netzausbau kompensiert werden müssen. Sie sind in Tab. 1.1 zusammengefasst.

Die Stromnetzausbauplanung kann derzeit in zwei Maßnahmenpakete aufgeteilt werden: Einerseits jene, die mit dem Energieleitungsausbaugesetz (EnLAG) 2009 beschlossen wurden, und andererseits jene, die ihm Rahmen des Netzentwicklungsplans (NEP) zum 2013 in Kraft getretenen Bundesbedarfsplangesetz führten. Theoretisch könnten interessierte Akteure aus Politik oder Energiebranchen auch weiterhin Projekte für den Übertragungsnetzausbau anregen, die sich außerhalb von EnLAG und NEP befinden. Allerdings müssten sie in diesem Falle den Regulierungsbehörden umfassende Studien zum Nutzen dieser Netzausbauprojekte vorlegen. Dies gestaltet sich in der Praxis meist als zu komplex, sodass neue Netzprojekte de facto nur noch im NEP-Aktualisierungsprozess analysiert werden, mittels detaillierter Studien gemäß der von der Bundesnetzagentur genehmigten Methodik.

Einen detaillierten Einblick in die historische Verortung dieser Maßnahmenpakete sowie die zukünftig zu erwartende Entwicklung gewährt das anschließende Abschn. 1.1.1. Zunächst wird der Fokus auf Fragen des Übertragungsnetzes

© Springer Fachmedien Wiesbaden GmbH, ein Teil von Springer Nature 2018

J. J. Bürger, *Transformationsprozesse und Stromnetzausbau*, essentials,

https://doi.org/10.1007/978-3-658-23382-2_1

Tab. 1.1 Anforderungen an das zukünftige Stromnetz in Deutschland

Einflussfaktor auf das deutsche Netz	Erläuterung
Ausbau der erneuerbaren Energien	Durch den Ausbau der erneuerbaren Energien wird das Stromsystem stärker dezentralisiert; zudem bedeutet der Erneuerbaren-Ausbau einen Wandel von einer Stromerzeugung in Nähe der Verbrauchszentren im Süden und im Westen Deutschlands, hin zu einer vermehrten Stromerzeugung im Norden und Osten. Somit stellt der Ausbau der Erneuerbaren Energien (und zum Teil auch der Ausbau der Kraft-Wärme-Kopplung) einen starken Treiber für einen massiven Umbau des Stromnetzes in Deutschland dar
Progressive Abschaltung der Kernkraftwerke von 2011 bis 2022	Das Abschalten der Kernkraftwerke bedeutet ebenfalls eine große Veränderung der Erzeugungsstruktur Deutschlands. Dies gilt weniger für jene Kernkraftwerke in Norddeutschland, sondern insbesondere für die in West- und Süddeutschland befindlichen Kraftwerke, die fortan immer weniger dem geografischen Ungleichgewicht von Erzeugung und Verbrauch in Deutschland entgegen wirken können
Stromproduktion fossiler Kraftwerke in Nord- und Ostdeutschland	Auch tragen die fossilen Energien zum regionalen Ungleichgewicht zwischen Erzeugung und Verbrauch bei. Dies liegt unter anderem an den niedrigeren Grundstückspreisen in Nord- und Ostdeutschland, sowie an einer günstigeren Anbindung an Rohstoff-Lieferketten (z. B.: Seeverbindungen in Norddeutschland, Braunkohlebau in Ostdeutschland)
Europäische Netz- und Marktintegration	Die europäische Integration führt und unter anderem zu Änderungen in der *Auslastung der Kraftwerke;* des Weiteren kommt es auch zu Änderungen der *Stromflüsse* (oft bedeutet letzteres jedoch keine zusätzliche Bürde, sondern eine Entlastung des deutschen Stromnetzes, zulasten der Netze der Nachbarländer; vgl. „Exkurs: Stromhandelskapazitäten" in Kap. 4)

(Fortsetzung)

Tab. 1.1 (Fortsetzung)

Einflussfaktor auf das deutsche Netz	Erläuterung
Versäumte deutsche Netzintegration	Während eines zentralen Zeitfensters der Industrialisierung in Europa wurde der überregionale Stromnetzausbau in Deutschland eingeschränkt durch die Trennung in zwei deutsche Staaten in Ost und West. Auch nach der Wiedervereinigung wurde dies nicht sofort vollständig nachgeholt. So wird beispielsweise erst seit 1995 das Netz in Ost und West synchron betrieben, und den drei neuen Übertragungsnetzverbindungen, die zwischen 1989 und 1995 entstanden, folgte erst 2012 eine vierte (siehe weitere Informationen in Abschn. 1.1.1)
Alter des bestehenden deutschen Stromnetzes	Es gibt keine offizielle, umfassende Abschätzung der Kosten des Erneuerungsbedarfs des deutschen Stromnetzes, die auch ohne die Energiewende angefallen wären. Jedoch können diesbezüglich Ereignisse wie der Stromausfall im Münsterland im Dezember 2005 aufschlussreich sein (weitere Informationen zu dieser Fragestellung in „Exkurs: Stromausfall Münsterland 2005", Abschn. 1.1.1)

liegen. Gleichwohl sind auch die Verteilnetze von großer Bedeutung für die derzeitige (und zukünftige) Transformation der deutschen Infrastruktur. Jedoch verläuft die Planung bezüglich der Verteilnetze bislang meist relativ losgelöst von der Planung der Übertragungsnetze. Die Verteilnetze werden in Kap. 5 diskutiert.

1.1   Historische Einordnung der Stromnetz-Ausbauplanung: Hintergründe und Zukunftsausblick

Im Laufe der Zeit wurde die Stromnetz-Ausbauplanung immer klarer strukturiert; der Austausch zwischen Übertragungsnetzbetreibern, Bundesnetzagentur und Beteiligten aus Wirtschaft und Zivilgesellschaft wurde auch formal immer weiter ausdefiniert, wie im Folgenden erläutert wird.

1.1.1 Bundesweite Stromnetz-Infrastrukturplanung: Entwicklungen bis zum Ende des 20. Jahrhunderts

Zu Beginn des 20. Jahrhunderts fand die Stromerzeugung stets in enger räumlicher Nähe zum Verbrauch statt, ohne überregionale Vernetzung – was bei einem Kraftwerksausfall auch einen Stromausfall für das lokal betroffene Gebiet bedeutete. Vor dem ersten Weltkrieg summierte beispielsweise der Übertragungsnetzbetreiber 50 Hz eine installierte Gesamtkapazität von lediglich 2096 MW. Diese Leistung war bei 4040 Unternehmen verortet, die im Durchschnitt also jeweils knapp 519 kW besaßen [1].

Die Planung für überregionale Stromnetze begann in Deutschland in den 1920er-Jahren und wurde in den darauffolgenden Jahrzehnten weitergeführt, wobei sich jedoch seit Beginn der 1950er-Jahre die Teilung der beiden deutschen Staaten immer mehr auch als Hindernis für die gemeinsame Infrastrukturnutzung und -planung darstellte. Um die derzeitige Planung des Stromnetzausbaus in Deutschland mit ihrer historischen Entwicklung vergleichen zu können, innerhalb eines kohärenten gesellschaftlichen Rahmens, soll der Blick eher auf der Geschichte der Stromnetz-Infrastrukturplanung der wiedervereinigten Bundesrepublik Deutschland gerichtet werden.

Diese Geschichte kennzeichnet insbesondere die Wiederaufnahme des gemeinsamen, synchronen Netzbetriebes am 13. September 1995, die auch als „Elektrische Wiedervereinigung Deutschlands" bezeichnet wird [2].

Bereits vor diesem Datum sind folgende Projekte zu erwähnen, die für das gemeinsame Übertragungsnetz der heutigen Bundesrepublik Deutschland von Bedeutung sind:

- Die Leitung Helmstedt (NI) – Wolmirstedt (ST) – Westberlin (erster Teilabschnitt fertiggestellt und in Betrieb genommen am 3. Oktober 1989, also noch vor der politischen Wiedervereinigung; ursprünglich geplant mit Hinblick auf ein auch in Zukunft weiterhin asynchron betriebenes Netz in Ost und West, weshalb anschließend Anpassungen nötig wurden; der Abschnitt Wolmirstedt – Westberlin wurde schließlich 1994 vollendet)
- Die Leitung Remptendorf (BY) – Redwitz (TH) (fertiggestellt und in – vorerst eingeschränkten – Betrieb genommen am 20. Dezember 1991)
- Die Leitung Mecklar (HE) – Vieselbach (TH) wurde am 8. September 1995 in Betrieb genommen.

Diese drei Leitungen stellten über lange Zeit die einzigen drei Verbindungen des Übertragungsnetzes zwischen den alten und den neuen Bundesländern dar und ermöglichten somit überhaupt erst den synchronen Übertragungsnetzbetrieb in Deutschland [2]. Sie wurden noch von privaten und staatlichen Akteuren einzeln vorangetrieben, ohne einen ganzheitlichen, nationalen, parlamentarisch validierten Infrastrukturplan (vgl. Unterkapitel 1.1.2), wie es inzwischen seit einigen Jahren in Deutschland der Fall ist.

Ebenfalls zu erwähnen ist in diesem Zusammenhang der Plan einer neuen Leitung zwischen Hamburg und Schwerin, die bereits langfristig geplant war, sich jedoch stets verzögert hatte. Deswegen wurde sie in die Ausbaupläne des EnLAG-Pakets (unter EnLAG-Projektnummer 9, vgl. EnLAG-Karte in Abb. 2.1) aufgenommen, als Leitung Krümmel (SH) – Görries (MV). Unter der Bezeichnung „Windsammelschiene" gewann sie auch im Zuge der Energiewende-Entscheidungen des Jahres 2011 eine besondere politische Bedeutung [3].

Es gibt aus der Zeit um die Jahrtausendwende keine offizielle, umfassende Abschätzung der Kosten des Erneuerungsbedarfs des deutschen Stromnetzes, die auch ohne die Energiewende angefallen wären. So kursierte zwar beispielsweise im Sommer 2012 eine Gegenüberstellung der 2 Mrd. € pro Jahr, die der Netzausbau laut NEP kosteten sollte, im Vergleich zu 1,2 Mrd. € pro Jahr die auch ohne den Atomausstieg angefallen wären – so zitierte die Financial Times Deutschland ein Schreiben der Bundesnetzagentur [4]. Jedoch gab es hierzu keine offiziell veröffentlichte Studie der Bundesnetzagentur.

Erst 2005 wurde mit der DENA-Netzstudie I erstmals eine detaillierte Untersuchung zum Netzausbaubedarf vorgelegt (vgl. Abschn. 1.1.2), die bereits von einem sehr starken Zubau der Windenergie und einem schrittweisen Atomausstieg ausging, sodass auch diese Studie keine wirkliche Alternativvorstellung des Netzausbaubedarfs ohne die Energiewende liefern kann. Für diese Fragestellung wird bisweilen allenfalls auf anekdotische Evidenz verwiesen, wie etwa den Stromausfall im Münsterland im November 2005 (siehe Exkurs), welche jedoch keine umfassende, wissenschaftliche Erfassung des damaligen Investitionsbedarfs ersetzen kann.

Exkurs: Stromausfall Münsterland 2005

Zur Betrachtung des Investitionsbedarfs des Netzausbaus soll hier ersatzweise die Diskussion um den Stromausfall im Münsterland im November 2005 zur Veranschaulichung wiedergegeben werden. Verursacht wurde dieser Stromausfall durch unwetterbedingtes Materialversagen von über 60 Jahre alten Strommasten im Besitz des damaligen Netzbetreibers RWE. Infolgedessen traten Stromausfälle auf, die rund 250.000 Menschen betrafen und zum Teil bis zu vier Tage dauerten [5].

In Mediendiskussion im Zuge dieses Vorfalls erklärte RWE einerseits, bereits im Jahr 2003 ein Sanierungsprogramm in Höhe von 550 Mio. € für das Hochspannungsnetz aufgelegt zu haben [6]. Andererseits räumte RWE gleichzeitig ein, keine genaue Kenntnis über den Investitionsbedarf der Mittel- und Niederspannung zu haben. Außerdem betonte der Konzern, vor allem Strommasten aus den Jahren vor 1930 seien besonders problemanfällig, während jene, die vor 1940 gebaut wurden, lediglich „grundsätzlich sanierungsfähig" seien, eine Auswechselung jedoch nicht unbedingt erforderlich machten.

Laut medienzitierten RWE-Angaben sind immerhin 10.300 der insgesamt 44.000 im Jahre 2005 in Betrieb befindlichen Hochspannungsmasten RWEs vor 1940 errichtet worden [6].

Auch ein Sanieren der vor 1968 errichteten Strommasten, die ebenfalls aus störungsanfälligem Stahl bestanden, sah RWE zu diesem Zeitpunkt nicht vor.

Zugleich sollte allerdings auch festgehalten werden, dass eine Untersuchung der Bundesnetzagentur (BNetzA) im Jahre 2006 ergab, dass der Netzbetreiber RWE seiner Wartungspflicht normgerecht nachgekommen ist [7]. Allerdings legt dieser Bericht ebenfalls dar, dass die entsprechenden Normen gegebenenfalls verschärft werden müssten, um die Versorgungssicherheit zu wahren. Ob dies jedoch durch rückwirkend verpflichtende Ausbesserungen geschehen sollte, entschied die BNetzA damals noch nicht, da der Investitionsbestandschutz ebenfalls zu berücksichtigen sei. Deshalb soll an dieser Stelle nur erwähnt werden, dass in der damaligen öffentlichen Diskussion auch Mängel bei Strommasten jüngeren Baujahrs thematisiert wurden – ohne jedoch abschließend beurteilen zu können, wie hoch der (seitens BNetzA bestätigungsfähige) Sanierungsbedarf für diese Strommasten genau gewesen sein mag.

Es ist also davon auszugehen, dass die für das RWE-Netz genannten 550 Mio. € längst noch nicht alle Kosten für den Netzausbau und -erneuerung enthielten, die dort auch ohne die Energiewende in den nächsten Jahrzehnten angefallen wären.

1.1.2 Bundesweite Stromnetz-Infrastrukturplanung: Entwicklungen zu Beginn der Energiewende

Die erste Netzstudie der Deutschen Energie-Agentur (DENA), erschienen im Februar 2005, wurde erarbeitet mit verschiedenen Vertretern aus der Energiebranche und der Forschung [8]. Dabei wurde folgendes Zukunftsszenario verwendet:

- Der Fokus der Studie lag auf der „Netzintegration von Windenergie", andere Energiefragestellungen spielten neben der Windenergie nur eine untergeordnete Rolle. Auch der konventionelle Kraftwerkspark wurde vor allem mit Blick auf die Regelenergie und Reservekapazität betrachtet.
- Die Szenarien sahen für 2015 eine Kapazität von 26,2 GW onshore und 9,8 GW offshore vor, für 2020 entsprechend 27,9 GW onshore sowie 20,5 GW offshore.
- Fotovoltaik wurde mit einer Kapazität von 3,5 GW bis 2015 und 5,5 GW bis 2020 abgeschätzt.

Die Ergebnisse der ersten DENA Netzstudie lassen sich wie folgt zusammenfassen:

- Bis 2015 müssen 850 km neue Leitungen gebaut werden, zusätzliche 392 km müssen verstärkt werden.
- Der Netzausbau nach 2015 wurde weniger detailliert untersucht; dies sollte von dem zweiten Teil der DENA Studie übernommen werden. Dennoch erwähnte die erste DENA-Netzstudie einen zusätzlichen Modernisierungsbedarf von „schätzungsweise 1000 km" [9].
- Diese Zahlen betrafen zunächst nur den Netzausbau an Land. Das Offshore-Netz wurde teilweise auch betrachtet, jedoch von DENA1 nicht analysiert in Hinblick auf zu erwartende Kilometerzahlen; hierfür wurde auf die zweite Studie (DENA-Netzstudie II) verwiesen.
- Die erste Kostenabschätzungen der DENA1-Studie ergaben für den reinen Übertragungsnetzausbau an Land bis 2015 insgesamt 1,1 Mrd. €. Für den Offshore-Netzausbau wurden annäherungsweise insgesamt 5 Mrd. € bis 2015 angenommen.

Aufbauend auf diesen Ergebnissen wurde die zweite Netzstudie der DENA (DENA-Netzstudie II) im November 2010 veröffentlicht [10]. Folgende Punkte stellen wesentliche Grundzüge des darin verwendeten Szenarios dar:

- Anlehnung an das Energiekonzept der Bundesregierung von 2010, allerdings mit Abänderungen (z. B.: der Anteil der Erneuerbaren am Bruttostromverbrauch liegt 2020 laut DENA-Netzstudie II bei 39 %, statt bei 35 % wie im Energiekonzept).
- Noch breitere thematische Öffnung als DENA1 (z. B. Analysen zu Stromspeichern, zu verschiedenen Netztechnologien, etc.)

- Geschätzte installierte Kapazität für Windenergie Anlagen onshore von 34,1 GW bis 2015 und 37 GW bis 2020; für offshore Windenergieanlagen entsprechend 7 GW bis 2015 und 14 GW bis 2020.
- Der Ausbau der installierten Fotovoltaik Leistung wurde mit 13 GW bis 2015 und 17,9 GW bis 2020 abgeschätzt.
- Für die Zukunftshypothesen der Kernkraft in Deutschland wurde weiterhin ein fortschreitender Ausstieg angenommen; die Laufzeitverlängerung, die im Oktober 2010 beschlossen wurde, ist also nicht in die Szenarien eingeflossen, hätte diese laut einer kurzen Stellungnahme in der Studie aber ohnehin nur wenig beeinflusst.

Im Ergebnis sah die DENA-Netzstudie II für die Zeit bis 2020 einen Bedarf für 3600 km an Zubau neuer landseitiger Netzinfrastruktur (zusätzlich zum bereits von EnLAG beschlossenen Ausbau), zu Kosten von circa 1 Mrd. € pro Jahr [11].

Die erste DENA-Netzstudie hat das Gesetz EnLAG maßgeblich beeinflusst [12]. Allerdings ist der Stand des Ausbaus auch zum Ende des Jahres 2015 noch weit hinter den von der DENA-Studie angeregten 850 km Neubau und 392 km Netzverstärkungen zurückgeblieben (siehe auch Kap. 2). Ein Großteil des heute bereits realisierten EnLAG-Zubaus wurde außerdem erst in den letzten Jahren realisiert, während die ersten Jahre nach Verabschiedung des Gesetzes von noch größerer Stagnation im Netzausbau geprägt waren. So fasste beispielsweise das BMWi in seinem ersten Bericht für den Bundestag zum EnLAG-Umsetzungsstand zusammen: „Von 1834 km neu zu errichtenden Trassen waren im Sommer 2012 lediglich 214 km (knapp 12 %) fertig gestellt" [12].

Um das Problem dieses beachtlichen Umsetzungsverzuges zu lösen, wurden im Juli 2011 einige Änderungen des Energiewirtschaftsgesetzes (EnWG) beschlossen. Zeitgleich wurde im Jahr 2011 der Atomausstieg bis 2022 beschlossen, was ebenfalls dazu beitrug, die Notwendigkeit einer Reform der Netzausbauplanung zu unterstreichen. Diese Gesetzesänderung erfolgte mit dem Netzausbaubeschleunigungsgesetz (NABEG), welches vor allem den Prozess des jährlich zu aktualisierenden Netzentwicklungsplanes (NEP) im EnWG festschrieb. Hierbei dienten die Ergebnisse der zweiten DENA-Netzstudie als eindrückliches Zeichen für den Modernisierungsbedarf des deutschen Übertragungsnetzes. Auch findet sich aus der DENA-Netzstudie II etwa die Empfehlung einer Beschleunigung der Genehmigungsverfahren in NABEG wieder.

Mit den Änderungen des NABEG sollte zum einen durch die stärkere Einbindung der Öffentlichkeit in den NEP-Prozess die Akzeptanz der Bevölkerung für die großen bevorstehenden Infrastrukturprojekte gesteigert werden. Zum anderen sollten durch die mit dem NABEG geschaffene, sogenannte „Bundesfachplanung", länderübergreifende Netzprojekte beschleunigt werden. Durch die Bündelung der Planungen in einem einzigen Gremium auf Bundesebene sollten gegenseitige Blockaden der Bundesländer bei Ausbauprojekten zukünftig vermieden werden. NABEG selbst enthielt noch keine konkreten Netz-Projekte, sondern sollte lediglich diesen neuen NEP-Prozess zwischen BNetzA, ÜNB und Stakeholdern für die Planung zukünftiger Netzprojekte formal regeln.

Der erste NEP wurde 2012 fertiggestellt. Zum Jahreswechsel 2012/2013 wurde auf dieser Basis das erste Bundesbedarfsplangesetz entworfen, welches in der Folge den Gesetzgebungsprozess durchlief und im Sommer 2013 verabschiedet wurde. Aufgrund der Ähnlichkeit der betrachteten Zeiträume ist der NEP2012 am ehesten mit der DENA-Netzstudie II vergleichbar, da er den Ausbaubedarf bis 2022 ermittelte, während spätere NEP-Jahrgänge sich immer weiter vom Untersuchungsjahr 2020 der DENA-Netzstudie II entfernten. Bei diesem Vergleich fällt auf, dass der ÜNB-Entwurf des NEP2012 die Kosten mit 2 Mrd. € jährlich (bzw. 20 Mrd. € bis 2022) doppelt so hoch anschlägt wie die Dena-Studie (1 Mrd. € pro Jahr). In den zu bearbeitenden Leitungskilometern ist die Steigerung sogar noch höher: statt der 3600 km, die die DENA-Netzstudie II ermittelt hatte, spricht der NEP2012 von 8200 km (davon 3800 km an Neubauprojekten und 4400 km an Netzverstärkungs- und Umrüstungsarbeiten) [13]. Daran zeigt sich die Schwierigkeit des Unterfangens, den Netzausbaubedarf abschließend auf eine einzige Zahl festzulegen. Bei diesem Vergleich ist auch zu bedenken, dass längst nicht alle dieser von den ÜNB vorgeschlagenen Projekte auch von der Bundesnetzagentur validiert wurden – das hieraus letztlich entstandene „Bundesbedarfsplangesetz" ist also spürbar kleiner ausfallen als die im NEP2012 vorgeschlagenen 8200 km. Zudem veröffentlicht die Bundesnetzagentur keine eigenen Kostenschätzungen des NEP bzw. des Bundesbedarfsplangesetzes, sodass die Kostenangaben der ÜNB schwerlich zu verifizieren sind.

Im späteren Verlauf wurde auch 2013, 2014 und 2015 ein NEP entwickelt, jedoch war es aufgrund von sich ändernden politischen Vorgaben bald nicht mehr möglich, den NEP-Prozess innerhalb eines Jahres abzuschließen, sodass seit 2015 die verschiedenen Jahrgänge des NEP nun nach dem untersuchten Zieljahr statt nach dem Erstellungszeitpunkt benannt werden (also „NEP2024" statt „NEP2014"; „NEP2025" statt „NEP2015"; „NEP2030" für den 2016/2017 entwickelten NEP). Zudem wird, wie im Folgenden beschrieben werden soll, wegen einer Reform der Netzausbauplanung, ab 2016 nur noch alle zwei Jahre ein NEP erstellt.

Planungsstand und bisherige Entwicklung – Energieleitungsausbaugesetz EnLAG

Das Energieleitungsausbaugesetz (EnLAG) wurde im August 2009 verabschiedet. In diesem Abschnitt sollen zunächst die Motive des EnLAG sowie der aktuelle Planungsstand dargestellt werden. Während der Erarbeitung des Gesetzesentwurfs nannte die Bundesregierung im Jahr 2008 als Beweggrund die notwendige Anpassung der Netze an folgende Herausforderungen: die steigende Erzeugung durch Erneuerbare-Energien-Anlagen, der zunehmende grenzüberschreitende Handel und der Bau neuer konventioneller Kraftwerke [14]. Auch auf die in der ersten DENA-Netzstudie (s. Abschn. 1.1) beschriebenen Probleme und Lösungsansätze berief sich der EnLAG-Gesetzesvorschlag von 2008. Im Gegensatz zum Netzentwicklungsplan (s. Kap. 3) wird der im EnLAG festgehaltene Bedarfsplan an Projekten nicht regelmäßig von Grund auf neu ermittelt. Stattdessen wird lediglich der Umsetzungsstand in regelmäßigen Abständen dokumentiert.

Dennoch gibt es zum Teil auch Fälle, in denen ausnahmsweise Anpassungen der EnLAG-Projekte vorgenommen werden, etwa das Leitungsprojekt Weier-Villingen (Baden-Württemberg), ehemals EnLAG-Projektnummer 22, dessen Notwendigkeit laut dem 2012 entwickelten Netzentwicklungsplan nicht mehr gegeben sei [13].

Leitungsvorhaben

Die Umsetzung der Leitungsvorhaben aus dem EnLAG ist geprägt von starken Verzögerungen. So fasste das BMWi in seinem ersten Bericht für den Bundestag zum EnLAG-Umsetzungsstand zusammen: „Von 1834 Kilometer neu zu errichtenden Trassen waren im Sommer 2012 lediglich 214 Kilometer (knapp 12 Prozent) fertig gestellt" [12].

Dennoch zitierte die Bundesnetzagentur, auf Ihrem Internet-Informationsportal zum Thema des Netzausbaus, noch Ende 2013 die Übertragungsnetzbetreiber mit

© Springer Fachmedien Wiesbaden GmbH, ein Teil von Springer Nature 2018
J. J. Bürger, *Transformationsprozesse und Stromnetzausbau,* essentials,
https://doi.org/10.1007/978-3-658-23382-2_2

dem Ziel einer „Fertigstellung von über 50 Prozent der EnLAG-Leitungskilometer bis 2016". Gleichwohl räumte sie ein: „Der ursprüngliche Planungshorizont für den Großteil der EnLAG-Vorhaben war 2015" [15]. Im Frühjahr 2016 wurde an gleicher Stelle die „Fertigstellung von 45 Prozent der EnLAG-Leitungskilometer bis 2017" als Ziel angegeben [16]. Nach dem ersten Quartal 2018 gingen die Übertragungsnetzbetreiber laut EnLAG-Monitoring der Bundesnetzagentur davon aus, dass „mit einer Fertigstellung von knapp 70 Prozent der EnLAG-Leitungskilometer bis Ende 2020" zu rechnen sei [17]. Bei der Bewertung dieser Verzögerungen ist auch zu beachten, dass die neue Zielformulierung in Bezug auf die Fertigstellung von „EnLAG-Leitungskilometern" nicht gleichwertig ist mit der ursprünglichen Zielformulierung in Bezug auf die Fertigstellung von „EnLAG-Vorhaben", da einzelne fertiggestellte Leitungs*kilometer* vor Fertigstellung des gesamten *Vorhabens* in der Regel noch keinen Nutzen (bzw. teilweise einen nur geringen Nutzen) für den Betrieb des Stromnetzes erbringen.

Insgesamt waren zum Ende des Jahres 2015 von einem Sollwert von 1816 km bereits insgesamt 614 km fertiggestellt (knapp 34 %), Ende 2014 waren es 463 km [19]. Dem Ziel, mittels EnLAG die Nord-Süd-Transportkapazitäten zu erhöhen [12], kam man so bereits ein Stück näher.

Nach dem ersten Quartal 2018 bezifferte die Bundesnetzagentur den realisierten EnLAG-Ausbau mit rund 750 km [17].

Übertragungsnetzkapazität im vereinten Deutschland
Des Weiteren wurde, wie bereits erwähnt, die Übertragungsnetzkapazitäten zwischen den alten und den neuen Bundesländern im Rahmen von EnLAG ausgebaut, und so von 3 auf 5 Leitungen erweitert. Es handelt sich einerseits um das Ende 2012 fertiggestellte EnLAG-Projekt Nummer 9 zwischen Hamburg und Schwerin, und andererseits um die beiden EnLAG-Projekte mit den Nummern 4 und 10 zwischen Lauchstädt (Region Halle/Leipzig) und Grafenrheinfeld (Region Schweinfurt/Würzburg). Die Karte der EnLAG-Projekte (siehe Abb. 2.1) stellt gleichzeitig eine nützliche Übersicht des deutschen Übertragungsnetzes vor und nach den EnLAG-Projekten dar.

Lange Wartezeit für ein zentrales Element des Netzausbaus: Südwest-Kuppelleitung
Die beiden EnLAG-Projekte mit den Nummern 4 und 10, die auch unter dem Namen „Südwest-Kuppelleitung" zusammengefasst werden, dienen zum Einen dazu, die Leitung Redwitz-Remptendorf (siehe Grafik 2.2) zu entlasten, die mit Abstand zu den problematischsten Netzengpässen Deutschlands gehört. So benötigte die Leitung laut dem „Monitoringbericht 2015" der Bundesnetzagentur

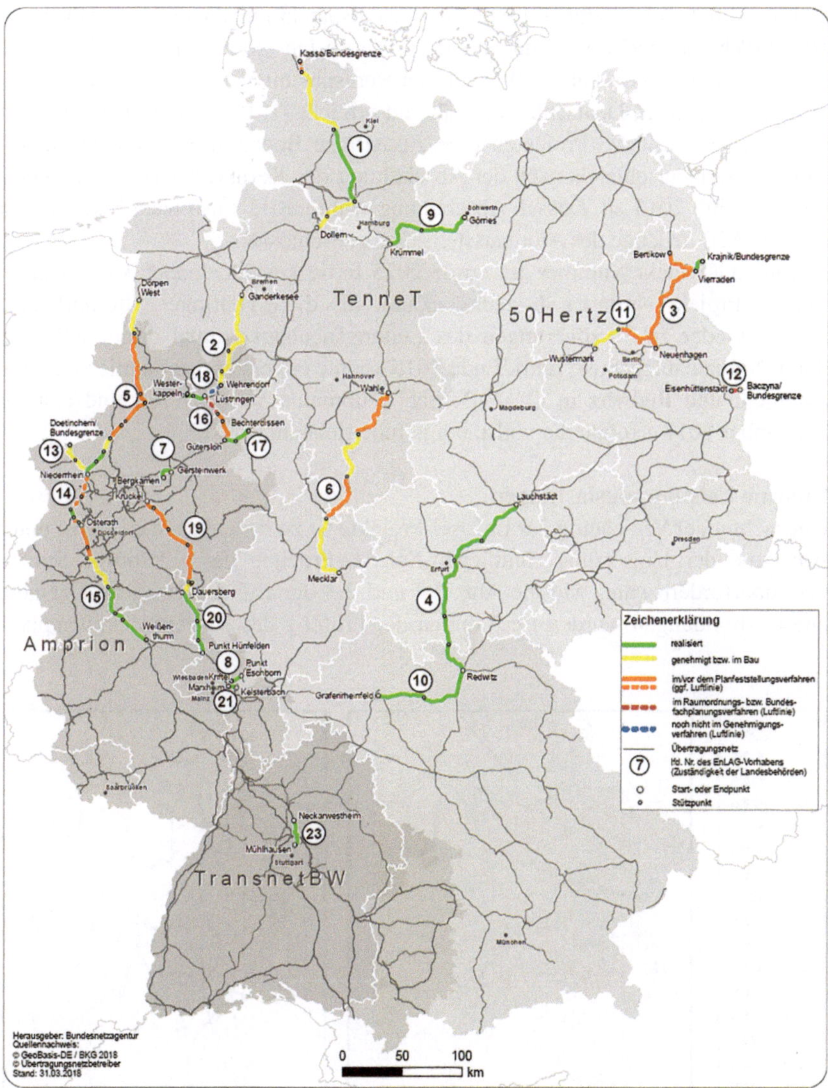

Abb. 2.1 Stand des Ausbaus von Leitungsvorhaben nach dem Energieleitungsausbaugesetz (EnLAG) nach dem ersten Quartal 2018. (Mit freundlicher Genehmigung von © Bundesnetzagentur für Elektrizität, Gas, Telekommunikation, Post und Eisenbahnen 2018. All Rights Reserved [17])

und des Bundeskartellamts im Jahre 2014 Redispatchingmaßnahmen in Höhe von 1073 GWh während 1694 Stunden (923 GWh im Jahr 2013, während 1581 Stunden); vor allem diese hohe GWh-Zahl an Redispatching wird von keinem anderen Netzengpass in Deutschland annähernd erreicht [18]. Darüber hinaus kommt diesen beiden EnLAG-Projekten eine zusätzliche Bedeutung für die Stromversorgung Süddeutschlands nach der Abschaltung des Kernkraftwerks Grafenheinfeld im Jahre 2015 zu. Dessen Abschaltung wurde 2011 (also nach Inkrafttreten des EnLAG) im Zuge des Atomausstiegsplans beschlossen.

EnLAG-Projekt Nummer 10 wurde 2015 fertig gestellt. Jedoch kam es beim EnLAG-Projekt Nummer 4, auch bekannt als die „Thüringer Strombrücke", immer wieder zu Verzögerungen des Leitungsneubaus, zumal dieser teilweise durch Naturschutzgebiete führt. Ende 2015 konnte ein erster Stromkreis zwischen Altenfeld und Redwitz in (Test-)Betrieb genommen werden [16], und erst im September 2017 erfolgte die vollständige Inbetriebnahme [20].

Enorme Leistungsauslastungen

Ungeachtet der Verspätung der EnLAG-Projekte ist zu bedenken, dass selbst unter Annahme der Umsetzung sämtlicher EnLAG-Projekte das zukünftige Stromnetz überfordert wäre, wie die Abb. 2.2 und 2.3 der Bundesnetzagentur zeigen. Diese Abbildungen wurden im Rahmen der Prüfung des Netzentwicklungsplans

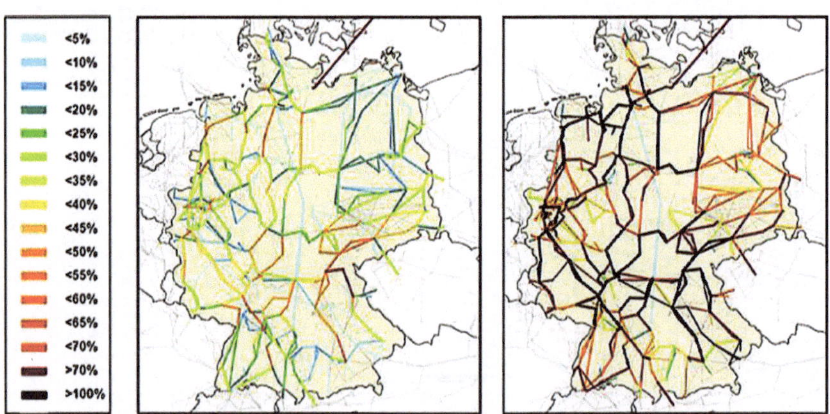

Abb. 2.2 Mittlere Leitungsauslastungen (links) und maximale Leitungsauslastungen (rechts) im Jahre 2023 (Hauptszenario B2023) in einem Startnetz ohne Zubau der Projekte aus dem Netzentwicklungsplan. (Mit freundlicher Genehmigung von © Bundesnetzagentur für Elektrizität, Gas, Telekommunikation, Post und Eisenbahnen 2013. All Rights Reserved [21])

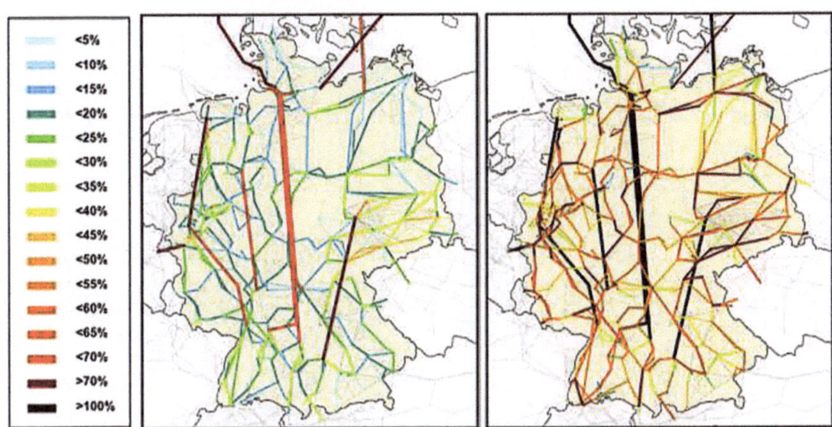

Abb. 2.3 Mittlere Leitungsauslastungen (links) und maximale Leitungsauslastungen (rechts) im Jahre 2023 in einem Stromnetz, das den Zubau der Projekte aus dem Netzentwicklungsplan mit einschließt (Hauptszenario B2023). (Mit freundlicher Genehmigung von © Bundesnetzagentur für Elektrizität, Gas, Telekommunikation, Post und Eisenbahnen 2013. All Rights Reserved [21])

(siehe Kap. 3) erstellt, in welchem das aktuelle Stromnetz sowie die unter EnLAG geplanten Zubau-Projekte als sogenanntes „Startnetz" als gegeben vorausgesetzt wurden. Diese BNetzA-Analysen weisen für das Hauptszenario des Jahres 2023 bereits im störfreien Normalbetrieb des Startnetzes Leistungsauslastungen auf, die sowohl im Jahresmittelwert und insbesondere in Bezug auf die Maximalwerte bedenklich hoch sind (siehe Abb. 2.2). Denn Auslastungen von über 100 % der Leistung einer Wechselspannungsleitung sind, von manchen besonderen Fällen mit Spielraum abgesehen, gleichbedeutend mit einem Ausfall der Leitung (wodurch die übrigen Leitungen umso mehr belastet würden und ein großflächiger Blackout drohen könnte).

Das im Netzentwicklungsplan dargelegte Zubaunetz würde laut BNetzA-Analyse bei diesem Problem für deutliche Linderung sorgen (siehe Abb. 2.3). Lediglich die Gleichstromleitungen würden hier noch eine Maximalauslastung von 100 % und darüber aufweisen, was aufgrund der besonderen Steuerbarkeit dieser Leitungen kein solches Problem wie bei den Wechselstromleitungen darstellt.

Der Netzentwicklungsplan (NEP) wird nach einem iterativen Verfahren erstellt, das erstmals 2012 zur Anwendung kam. Er basiert auf der sorgfältigen Erarbeitung von Stromproduktions- und Netzausbauszenarien unter Einbezug verschiedener Akteure aus Regulierung, Politik, Energiewirtschaft und Zivilgesellschaft. Allein während der öffentlichen Konsultation im Zuge der Bestätigung des NEP2013 erhielt die Bundesnetzagentur 7656 Stellungnahmen[1] [21]. Auch wenn darin mitunter Kritik an den Ausbauplänen bzw. sogar am NEP-Prozess selbst geäußert wurde, so ist doch festzuhalten, dass es sich historisch gesehen um ein verstärktes Bemühen um Transparenz und Kohärenz handelt im Vergleich zu früheren Netzausbauplanungen oder punktuellen Netzmaßnahmen.

Über das NEP-Verfahren ermittelte Netzausbauprojekte werden vom Gesetzgeber als Basis für das Bundesbedarfsplangesetz (BBPlG) verwendet, welches erstmalig 2013 erlassen wurde und gemäß des aktuellen Energiewirtschaftsgesetzes mindestens alle vier Jahre aktualisiert werden muss. Eine solche umfassende Aktualisierung erfolgte Ende 2015 im Zuge einer Reform der Netzausbauplanung, somit steht die nächste Aktualisierung des BBPlG spätestens im Jahre 2019 an. Voraussichtlich wird dies auf Basis des 2016/2017 entwickelten

---

[1]Ein Großteil davon dürfte von Privatpersonen verfasst worden sein; diese wurden in der Zusammenfassung der Bundesnetzagentur nicht namentlich erwähnt, im Gegensatz zu Unternehmen, Behörden und Vereinen. Deren Zahl belief sich lediglich auf insgesamt 202, was suggeriert, dass über 7000 Privatpersonen Stellungnahmen eingereicht haben.

© Springer Fachmedien Wiesbaden GmbH, ein Teil von Springer Nature 2018   17
J. J. Bürger, *Transformationsprozesse und Stromnetzausbau*, essentials,
https://doi.org/10.1007/978-3-658-23382-2_3

NEP2030 erfolgen[2]. Abb. 3.1 gibt einen Überblick über die durch das NEP-Verfahren ermittelten Netzausbauprojekte.

Das BBPlG beinhaltet die Planung dreier Korridore, die erstmals in Deutschland Höchstspannungs-Gleichstrom-Übertragung (HGÜ) im landseitigen Übertragungsnetz einführen sollen (BBPlG-Projektnummern 1 bis 5, siehe Abb. 3.1). Der Vorteil der HGÜ-Technik liegt darin, dass erstens Langstreckenverluste stark reduziert werden, und zweitens der Stromfluss genau gesteuert werden kann – während er im Wechselstromnetz teilweise ungeplante Wege geht, abhängig vom elektrischen Widerstand.

Weitere HGÜ-Korridore wurden von den Übertragungsnetzbetreibern teilweise für den NEP-Prozess vorgeschlagen und untersucht, jedoch konnte ihr Nutzen nicht als hinreichend solide nachgewiesen werden.

Abb. 3.1 ist wie folgt zu lesen: Zu jenem Zeitpunkt waren lediglich die Projekte 26, 27 und 9 bereits fertiggestellt sowie Projekt 28 (Gesamtlänge des Projekts lediglich 1 km und in geografischer Überschneidung mit Projekt 39, daher auf der Karte schwer erkennbar); mit Ausnahme der Projekte 24 und 33 waren keine weiteren Leitungen vollends genehmigt oder bereits im Bau begriffen. Bei vielen Projekten (blau markiert in Abb. 3.1) wurde zudem noch nicht einmal der offizielle Planungsprozess angestoßen. In dieser Beziehung bleibt das Verfahren hinter der ursprünglich optimistischen Erwartung bezüglich der mit dem NEP-Verfahren gleichzeitig eingeführten Zentralisierung der Planung der bundeslandübergreifenden Netzausbauprojekte innerhalb eines bundesweiten Planungsgremiums, der sogenannten „Bundesfachplanung", zurück. Hiervon versprach man sich eine deutliche Beschleunigung der Planungsverfahren, da nun die Bundesländer nicht mehr miteinander um die Planungshoheit in den sie betreffenden Netzprojekten ringen mussten.

Auch die viel diskutierten HGÜ-Korridore (BBPlG-Projektnummern 1 bis 5, siehe Abb. 3.1) konnten so bislang noch nicht im erwarteten Maße in ihrer Planung voranschreiten, da die offizielle Planung meist erst in den Jahren 2017/2018 begonnen wurde. Aus diesem Grunde rechnet mittlerweile auch die Bundesnetzagentur offiziell mit deutlichen Verspätungen: statt des ursprünglich geplanten Zeitraumes von 2017 bis 2022 [21] wird nun bei fast allen HGÜ-Korridoren von einer Fertigstellung im Jahre 2025 ausgegangen [22].

---

[2]Parallel erstellen die Übertragungsnetzbetreiber und die Bundesnetzagentur in den Jahren 2018/2019 eine Aktualisierung des NEP2030. Es ist jedoch noch nicht absehbar, ob diese rechtzeitig abgeschlossen sein wird, um in die Überarbeitung des Bundesbedarfsplangesetzes 2019 einzufließen. Ohnehin spiegelt sich aus zeitlichen Gründen nicht unbedingt jede neue, leicht veränderte Version des Netzentwicklungsplans sofort in einer BBPlG-Gesetzesänderung wider.

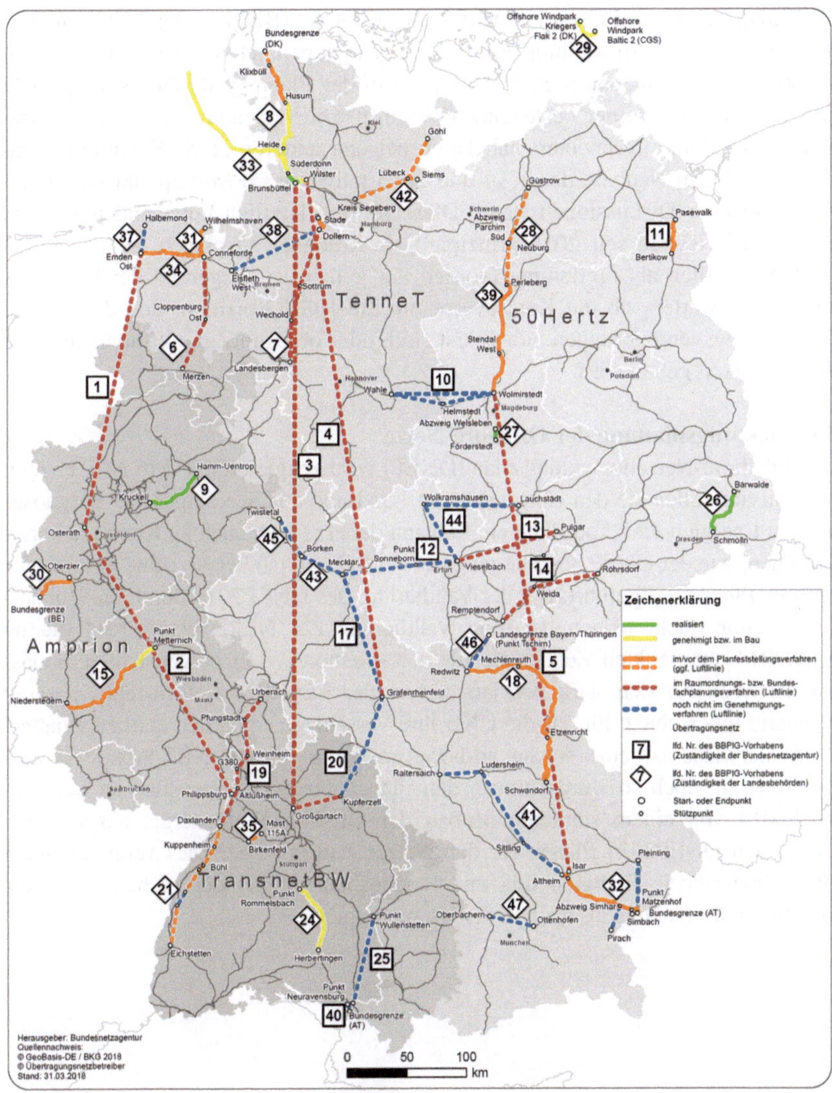

Abb. 3.1 Stand nach dem ersten Quartal 2018 des Ausbaus und der Planung von Leitungsvorhaben nach dem Bundesbedarfsplangesetz (BBPlG), welches auf dem Netzentwicklungsplan basiert. (Mit freundlicher Genehmigung von © Bundesnetzagentur für Elektrizität, Gas, Telekommunikation, Post und Eisenbahnen 2018. All Rights Reserved [22]. Die hier angegebenen Streckenverläufe dienen in den meisten Fällen nur der Illustration und sind bislang nur in Bezug auf Anfang- und Endpunkt festgelegt)

Einzig bei der südlichen Hälfte des „Korridor A" (BBPlG-Projekt Nummer 2) wird von einer Fertigstellung bis 2023 ausgegangen. Hier kam es bereits seit 2014/2015 zu nennenswerten Fortschritten in der Planung, da dieses Teilprojekt in der Umrüstung einer bestehenden Wechselstromverbindung besteht, was das Planungsverfahren erleichtert hat. Doch bei den anderen HGÜ-Korridoren handelt es sich um Neubau, der 2014 und 2015 teilweise im Mittelpunkt kontroverser politischer Diskussionen stand. Diese führten letztlich unter anderem dazu, dass HGÜ-Neubau seit 2016 prinzipiell als Erdkabel zu planen ist und nur in Ausnahmefällen als Freileitung (vorher war genau das Gegenteil der Fall) – es bleibt abzuwarten, ob die Kontroverse um die HGÜ-Korridore und damit auch die Planungsverzögerungen nun gelöst sind, oder ob es in Zukunft noch ähnliche Kontroversen geben wird.

Entwicklungsplanung der Offshore-Netze

Der Offshore-Netzentwicklungsplan (ONEP) wird zeitgleich mit dem NEP erstellt; gemeinsam sollen sie den Netzausbau an Land und auf See gemäß der prognostizierten Energiepolitik koordinieren. Es kann dabei jedoch auch zu Komplikationen kommen, wie der ONEP des Jahrgangs 2014 eindrücklich belegt; seine Kennzahlen sind in Tab. 3.1 aufgeführt. Bei der Validierung des ONEP2014 durch die Bundesnetzagentur (nicht jedoch bei ihrer Validierung des NEP2014) wurden die im EEG2014 abgesenkten Zubauziele für den Offshore-Wind berücksichtigt, sodass das Zielszenario sich stark von jenem (vor der EEG2014 Reform entwickelten) Szenario unterschied, für das die ÜNB ihre Vorschläge eigentlich erarbeitet hatten. Normalerweise ist eine solche ad-hoc-Anpassung in den NEP-Prozessen ausgeschlossen, doch so wurde nun in den Plänen für den Netzausbau an Land im NEP2014 von einem stärkerem Zubau der Offshore-Windenergie ausgegangen als in den ONEP2014 Plänen für den Netzausbau auf See. Dies veranschaulicht die Schwierigkeit, Energiepolitik und Netzausbau miteinander zu harmonisieren, sowohl in der Planung als auch in der Umsetzung.

Tab. 3.1 Kennzahlen des Offshore-Netzentwicklungsplans (ONEP)

	Finalversion des Vorschlags der ÜNB für ONEP2014 [23]		Von Bundesnetzagentur [24] validierte Version ONEP2014	
	Nordsee	Ostsee	Nordsee	Ostsee
Erzeugungskapazitäten Offshore-Wind 2024 (GW)	11	1,7	8,5	1,2
Transportkapazität des „Startnetzes Offshore"[a] (GW)	8	1,1	7,1	1,1
Maximale Transportkapazität des zusätzlich diskutierten Offshorenetzes (GW)	3,6	0,75	1,8	0,5
„Startnetz Offshore" in km	2485		*Nicht angegeben*	
Zusätzlich diskutiertes Offshorenetz in km	1525		395	
… davon Gleichstrom	775	0	310	0
… davon Wechselstrom	450	300	0	85
Gesamtkosten Startnetz plus zusätzliches Offshorenetz (Mrd. €)	19		*Nicht angegeben*	

[a]„Startnetz Offshore" = Bereits gebaute sowie bereits verbindlich beschlossene Netzausbau-Projekt

Organisation der Stromnetz-Ausbauplanung: Ausblick

4

Im Laufe der Jahre 2014 und 2015 kam es wiederholt zu Diskussionen um die NEP-Ausbaupläne. Ein Zentrum der medialen Auseinandersetzung war der HGÜ-Korridor D, doch auch andere NEP-Projekte gerieten in Kritik. Dies lag zum einen an lokalen Oppositionsbewegungen, die sich teilweise auf drastische Weise manifestierten. Zum anderen versprach auch die verabschiedete Reform „EEG 2014" des Erneuerbare-Energien-Gesetzes neben weiteren Änderungen reduzierte mittelfristige Offshore-Wind-Ausbauziele, was dazu führte, dass manche Akteure eine erneute Prüfung des Netzausbaubedarfs forderten. Infolge dieser zahlreichen, kontroversen Diskussionen wurden im Dezember 2015 schließlich vom Gesetzgeber einige Änderungen an der zukünftigen Ausbauplanung beschlossen:

- Für neue HGÜ-Leitungen wird (trotz erheblicher Mehrkosten) standardmäßig eine Erdverkabelung vorgesehen; nur in Ausnahmefällen sind auch Freileitungen möglich. Zuvor war genau das Gegenteil der Fall: Freileitungen waren die allgemeine Regel, Erdkabel waren die Ausnahme. Wechselstrom-Leitungen sind von dieser neuen Regel nicht betroffen, ebenso wenig wie die Umwandlung bestehender Wechselstrom-Leitungen in HGÜ-Leitungen (letzteres betrifft vor allem die südliche Hälfte des geplanten HGÜ-Korridors A).
- Der Verlauf des umstrittenen HGÜ-Korridor D (BBPlG-Projekt Nummer 5) wird erheblich geändert.
- Die Aktualisierung der Netzausbaupläne soll nur noch alle zwei Jahre erfolgen, anstatt wie bisher in jährlichem Rhythmus. Auch wurden formale Vorgaben, wie zum Beispiel die in den Mittel- und Langfristszenarien des NEP zu betrachtenden Zeitrahmen, angepasst.

Der erste NEP nach dieser neuen Methode wurde im Laufe der Jahre 2016 und 2017 erstellt und bezog sich auf die Zeithorizonte 2030 und 2035. Eine aktualisierte

© Springer Fachmedien Wiesbaden GmbH, ein Teil von Springer Nature 2018   23
J. J. Bürger, *Transformationsprozesse und Stromnetzausbau*, essentials,
https://doi.org/10.1007/978-3-658-23382-2_4

Version des NEP für die Zeithorizonte 2030 und 2035 wird von den Übertragungsnetzbetreibern und der Bundesnetzagentur in den Jahren 2018 und 2019 erstellt.

Es bleibt jedoch abzuwarten, ob diese Maßnahmen ausreichen, um die Kontroversen um den Netzausbau zu beenden, insbesondere wenn es sich wie bei den HGÜ-Leitungen um Großprojekte und neue Technologien handelt. Zudem birgt auch der neue Prozess die Gefahr, dass neue politische Diskussionen aufkommen, die erst mit erheblichem Zeitverzug in die Netzplanung aufgenommen werden können und bis dahin die Planungen und den Netzausbau verzögern.

Diese Verzögerungen führen bereits heute zu bedenklichen Netzengpässen in Deutschland, und damit teilweise ebenfalls zu erheblichen Problemen der Versorgungssicherheit in den Netzen von Deutschlands Nachbarländern, wenn diese ungeplanten, hohen Stromflüssen ausgeliefert sind. Langfristig bedarf es einer anderen, nachhaltigeren Lösung für diese Engpässe, zumal dies auch die Ausgaben für Redispatching innerhalb Deutschlands reduzieren würde. Außerdem wäre dies wichtig für ein besseres Ausschöpfen des Potenzials der Interkonnektoren. Diese stellen die Verbindung dar, dank derer Deutschland Stromhandel mit seinen Nachbarländern betreiben kann. Die Nutzung der Interkonnektoren wird mittlerweile jedoch mancherorts von netzinternen Engpässen auf deutscher Seite stark erschwert (siehe Exkurs *Stromhandelskapazitäten*).

Exkurs: Stromhandelskapazitäten – Rolle der Interkonnektoren und des Netzausbaus im Stromhandel

Deutschlands Stromexporte beliefen sich im Jahr 2014 auf 59,2 TWh (2013: 59,4 TWh), die Importe auf 24,7 TWh (2013: 26,9 TWh). Im Handelssaldo war Deutschland 2014 also insgesamt Nettoexporteur mit 34,5 TWh (2013: 32,5 TWh) [18]. Von diesem in Handelsbörsen festgelegten Stromaustausch weichen die tatsächlichen physikalischen Stromflüsse ab und machen auf diese Weise zum Teil verschiedene Anpassungsstrategien nötig. Dies geschieht umso mehr, je stärker Netzengpässe den freien Stromfluss einschränken.

Besonders deutlich lässt sich dies anhand des deutsch-französischen Saldos veranschaulichen. So wies 2014 das deutsche *Handelssaldo* mit Frankreich einen Nettoexport von 6 TWh aus (2013: 9,8 TWh), während in Bezug auf das Saldo der *physikalischen* Stromflüsse Deutschland ein Nettoimporteur von Frankreich war, in Höhe von 14 TWh (2013: 10,6 TWh). Gleichwohl war Deutschland 2014 nicht nur im Handel Nettoexporteur, sondern auch in Bezug auf die physikalischen Stromflüsse, mit einem Saldo von 32,5 TWh (2013: 30,7 TWh) [18]. Somit wies Deutschland in der Tat einen Export an physikalischen Stromflüssen auf, der auf fast derselben Höhe wie seine handelsseitigen Exporte lag – die einzelnen Lieferungen verteilten sich nur sehr unterschiedlich auf die verschiedenen Stromhandelspartner.

Für die Zukunft gehen die deutschen Übertragungsnetzbetreiber (ÜNB) von den in Tab. 4.1 zusammengefassten Handelskapazitäten aus:

Ähnliche Vergleichswerte für die Gegenwart veröffentlichten die ÜNBs jedoch nicht. Als Grund für diese Entscheidung muss der Umstand angenommen werden, dass die Kapazität eines Interkonnektors nur dann voll genutzt werden kann, wenn es in den von ihm verbundenen Marktzonen keine wesentlichen, einschränkenden Netzengpässe gibt. Dies ist zurzeit keinesfalls gegeben; die Handelskapazitäten Deutschlands mit Dänemark-West und Polen etwa sind aktuell durch deutsche Netzengpässe stark eingeschränkt. Auch sollten die genannten ÜNB-Hypothesen für die zukünftigen Interkonnektoren nur im Kontext des ÜNB-Szenarios eines idealen, zukünftig engpassfreien Netzes gedacht werden. Einzig für Norwegen und Belgien ist der Unterschied zur heutigen Situation sofort klar erkennbar, da sie derzeit noch über keinerlei direkte Übertragungsnetz-Verbindung zu Deutschland verfügen.

Bislang blieb Deutschland im Stromhandelssaldo Nettoexporteur, trotz des fortschreitenden Ausstiegs aus der Kernkraft, dank erneuerbarer und fossiler Stromerzeugung. Allein im Jahr 2011, als dieser Ausstieg beschlossen wurde, war das Saldo etwas weniger hoch als in den Jahren zuvor, erreichte jedoch ab 2012 wieder die vorherigen Werte und überstieg diese sogar. Doch im Zuge der bis 2022 geplanten vollständigen Abschaltung aller Kernkraftanlagen sowie der Schließung mancher Kohle- oder Gaskraftwerke könnte sich Deutschlands Stromexportsaldo durchaus auch verringern oder gar in Nettostromimporte umschlagen, laut der ÜNB-Analyse eines engpassfreien Netzes im Jahr 2025 [25], auf der auch Tab. 4.1 beruht. Dies verdeutlicht, dass der obengenannte Ausbau der Handelskapazitäten nicht nur im Kontext von Exporten zu sehen ist, sondern auch die Importfähigkeit erhöhen kann.

Doch bereits jetzt entlasten die Interkonnektoren das deutsche Netz, indem sie Stromflüssen erlauben, deutschen Engpässen über benachbarte Stromnetze auszuweichen. Da dies jedoch zu einer zusätzlichen, schwer planbaren Belastung der benachbarten Stromnetze führt, bleibt der (weitgehend) engpassfreie Betrieb des deutschen Übertragungsnetzes, und damit der innerdeutsche Netzausbau, ein wichtiges Ziel für die deutsche und europäische Versorgungssicherheit und für die volle Nutzbarkeit der Stromhandelskapazitäten.

Tab. 4.1 Prognose der ÜNB, in Abstimmung mit der Bundesnetzagentur, für Austausch-kapazitäten zwischen Deutschland und angrenzenden Marktgebieten. (Quelle: Eigene Bearbeitung in Anlehnung an [25])

2025 (in GW)	BE	CH	CZ	DK-O	DK-W	FR	LU	NL	NO	PL[a]	SE
Von DE nach …	1	4,4	1,3	1	2,5	3	2,3	5	1,4	2	1,2
Von … nach DE	1	4,2	2,6	1	2,5	3	2,3	5	1,4	3	1,2
2035 (in GW)	**BE**	**CH**	**CZ**	**DK-O**	**DK-W**	**FR**	**LU**	**NL**	**NO**	**PL**[a]	**SE**
Von DE nach …	2	4,4	2	1,6	2,5	4,1	2,7	5	1,4	2	1,2
Von … nach DE	2	5	2,6	1,6	2,5	4,1	2,7	5	1,4	3	1,2

BE – Belgien, CH – Schweiz, CZ – Tschechien, DE – Deutschland, DK – Dänemark (Ost/West), FR – Frankreich, LU – Luxemburg, NL – Niederlande, NO – Norwegen, PL – Polen, SE – Schweden

[a]Diese polnischen Handelskapazitäten stehen u. U. nicht nur für den polnischen Handel mit Deutschland zur Verfügung, sondern müssen von Polen z. T. zugleich auch für Handel mit der Slowakei und Tschechien genutzt werden

In Deutschland werden dem Übertragungsnetz die Leitungen mit Höchstspannung zugeschrieben – das bedeutet 220 kV oder 380 kV. Dem Verteilnetz zugerechnet werden hingegen die Hochspannung (60 bis 110 kV), die Mittelspannung (6 bis 30 kV) sowie die Niederspannung (230 oder 400 V) [26].

Wie in den Kap. 1 bis 4 beschrieben, kommt dem Übertragungsnetz eine große Bedeutung für die Versorgungssicherheit und für die überregionale Ausgeglichenheit von Erzeugung und Verbrauch zu. Doch auch die Verteilnetze spielen lokal für die Energiewende, und allgemein für die Stromversorgung, eine wichtige Rolle. Denn nur ein Bruchteil der Erneuerbaren-Anlagen in Deutschland ist an das Übertragungsnetz angeschlossen. Laut einer Studie aus dem Jahr 2014 waren zu diesem Zeitpunkt 90 % der in Deutschland installierten Leistung aus erneuerbaren Energieträgern im Verteilnetz angeschlossen – bzw. sogar 98 %, wenn man die Anzahl der Anlagen betrachtet [27]. Der Zubau erneuerbarer Energien erfolgt also meist zunächst über das Verteilnetz, bevor anschließend auch das Übertragungsnetz die Systemintegration der Erneuerbaren mitkoordiniert. Dies kann, je nach örtlichen Gegebenheiten, durchaus eine Herausforderung darstellen für die Verteilnetzbetreiber. Jedoch ist für das Lösen dieser Herausforderung auch ein regulatorischer Rahmen vorgegeben, der einerseits den Verteilnetzbetreibern ausreichend finanzielle Mittel zur Seite stellen soll, andererseits aber auch die Kosteneffizienz sicherstellen soll. Dieses Spannungsverhältnis wird im Folgenden näher erläutert.

5.1 Regulierung der Verteilnetze

Unabhängig von den Details der Planung des Ausbaus der Verteilnetze sind diese in letzter Zeit häufig ins öffentliche Interesse gerückt, wenn es darum ging, lokale Netze zu *rekommunalisieren*. Beispielsweise gab es 2013 zu diesem Thema

© Springer Fachmedien Wiesbaden GmbH, ein Teil von Springer Nature 2018   27
J. J. Bürger, *Transformationsprozesse und Stromnetzausbau*, essentials,
https://doi.org/10.1007/978-3-658-23382-2_5

Bürgerentscheide in Hamburg und Berlin, wobei in der Hansestadt für eine „Rekommunalisierung" entschieden wurde, während man in Berlin dagegen entschied. Doch auch in weniger großen Städten und Orten stellt sich diese Frage, zumal in den 2010er Jahren sehr viele Verteilnetzkonzessionen neu verteilt wurden bzw. werden, was für kommunale Akteure wie z. B. Stadtwerke eine Gelegenheit darstellt, sich nach wettbewerbsrechtlichen Regeln für die Nachfolge zu bewerben. Sogar ohne eine Neuverteilung der Konzessionen ist eine Rekommunalisierung denkbar – so hat etwa die Stadt Hamburg dem vorigen Konzessionsinhaber Vattenfall die Verteilnetzkonzession 2014 infolge des Bürgerentscheids abgekauft. Dennoch musste sich der neue kommunale Verteilnetzbetreiber zum Auslaufen der Konzession Ende 2014 um die Konzessionsvergabe für die Zeit von 2015 bis 2035 bewerben [28]. Die in diesem Zusammenhang in Berlin und Hamburg geführten, oftmals politisch aufgeladenen Debatten um die energiepolitische Rolle des Besitzers der Verteilnetzkonzessionen, d. h. des Verteilnetzbetreibers, sollen an dieser Stelle nicht aufgegriffen werden. Vielmehr soll auf die streng regulierte finanzielle Tätigkeit der Verteilnetzbetreiber in Deutschland eingegangen werden. Man spricht in diesem Zusammenhang von der Anreizregulierung (siehe Tab. 5.1 für eine Übersicht der zentralen Verordnungen und Instanzen). So hat laut § 11 des Energiewirtschaftsgesetzes (EnWG) jeder Übertragungs- und Verteilnetzbetreiber in Deutschland die Pflicht, die Versorgungsqualität in seinem Netzgebiet zu gewährleisten, und hierfür die notwendigen Investitionen und Aufwendungen

Tab. 5.1 Übersicht zentraler Elemente für die Anreizregulierung

Thematik	Zuständigkeit
Definition der Aufgabenbereiche der Übertragungs- und Verteilnetzbetreiber sowie der Bundesnetzagentur und Landesregulierungsbehörden	Energiewirtschaftsgesetz (EnWG)
Definition der Methodik für bestimmte profit-relevante Parameter, wie etwa Erlösobergrenze und Effizienzvorgaben	Anreizregulierungsverordnung (ARegV)
Definition der Methodik für die Berechnung der Strom-Netzentgelte	Stromnetzentgeltverordnung (StromNEV)
Sicherstellung der adäquaten Umsetzung der in ARegV und StromNEV definierten Methodik	Zusammenarbeit von Bundesnetzagentur und Landesregulierungsbehörden, gemäß EnWG

zu tätigen. Damit er dies finanzieren kann, darf er von den Verbrauchern Netzentgelte erheben. Diese Entgelte müssen komplexen Berechnungsmethoden genügen, einerseits in Bezug auf die preisliche Höhe für die unterschiedlichen Verbrauchergruppen, andererseits in Bezug auf die gesamten Einnahmen und Ausgaben des Netzbetreibers. Das Verhältnis zwischen Einnahmen und Ausgaben darf nicht zu weit auseinanderliegen. Die Regulierungsbehörden sollen sicherstellen, dass kein unangemessen hoher Profit auf Kosten der Verbraucher erwirtschaftet wird.

Die Netzentgelte können zum Teil jährlich neu berechnet werden, während die Erlösobergrenze des Verteilnetzbetreibers normalerweise für die gesamte Dauer der Regulierungsperiode (jeweils fünf Jahre) festgelegt wurde (diese Regel wurde jedoch gelockert durch eine im Sommer 2016 erfolgte Novelle, siehe nachfolgenden Absatz). Zudem werden über ein Kosteneffizienz-Benchmark weitere Anreize zur Kostenreduktion gesetzt. Bei der Ausgestaltung und der Umsetzung dieser regulatorischen Rahmenbedingungen stellt sich die Frage, inwiefern im jeweiligen Einzelfall hinreichend Anreize zur Kostensenkung als auch genügend Renditemöglichkeiten für vergangene und zukünftige Investitionen in die Verteilnetze gewährleistet werden. Darüber hinaus werden manche innovative Investitionen gar nicht erst als Ausgaben eingerechnet, die die Erlösobergrenze steigern könnten. Dies gilt insbesondere für den Bereich der *smart grids,* der bisweilen klassische Investitionen in Leitungen ersetzen könnte, wenn entsprechende Aufwendungen in der Erlösobergrenze berücksichtigt würden.

Um diese Hindernisse zu beseitigen, wurde im Sommer 2016 eine Reform des Anreizregulierungssystems implementiert. Sowohl die Lösung des problematischen Zeitverzugs dank eines nun jährlichen Kostenabgleichs als auch die verbesserte Förderung innovativer Netzinvestitionen wurden als Ziele formuliert [29]. Die Einordnung dieser Novelle und ihrer Wirksamkeit bleibt abzuwarten und lässt sich abschließend nur an den zukünftigen Erfahrungswerten der Netzbetreiber beurteilen. In jedem Fall zeigt dieser kurze Umriss des Rahmens der Aktivität der Verteilnetzbetreiber, sowie die Fragen der Reformierung des gesetzlichen Rahmens: der einzelne Betreiber hat zwar einen gewissen Handlungsspielraum in seinen Investitionsentscheidungen, muss aber auch die Vorgaben des Regulierers berücksichtigen. Insbesondere bei großem Zubau von Anlagen zur Nutzung erneuerbarer Energieträger kann es strukturell wichtig sein, dass hiervon die betroffenen Verteilnetzbetreiber über die notwendigen finanziellen, personellen und technischen Mittel verfügen, da die meisten Erneuerbaren-Anlagen in Deutschland – wie eingangs erwähnt – an Verteilnetze angeschlossen sind.

5.2   Referenzstudien zur zukünftigen Entwicklung der Verteilnetze

Für die Verteilnetze gibt es derzeit keinen übergreifenden, ganzheitlichen Ausbauplan wie den Netzentwicklungsplan. Lediglich auf einige wenige Studien kann als Zukunftsausblick zurückgegriffen werden, da sie durch den besonderen Status ihrer Auftraggeber gewissermaßen als Referenz dienen. Die Studien der DENA und des BMWi werden im Folgenden kurz vorgestellt.

DENA-Verteilnetzstudie

Diese Studie basiert auf den Zukunftsszenarien des NEP2012 und wurde im Dezember 2012 veröffentlicht. Sie wurde von der deutschen Energie-Agentur (DENA) im Auftrag diverser Verteilnetzbetreiber durchgeführt [30]. Die Studie beziffert die Kosten bis zum Jahr 2030 für die Modernisierung der Verteilnetze auf mind. 27,5 Mrd. € (zentrales Szenario) und bis zu 42,5 Mrd. € („grünes" Szenario). Jeweils über die Hälfte dieser Kosten entfallen laut DENA auf die Hochspannungsebene, da die Kosten pro Kilometer hier deutlich höher seien als in den niedrigeren Spannungsebenen; über ein Viertel der Kosten entfalle auf die Mittelspannungsebene, und weniger als ein Viertel auf die Niederspannungsebene. Ausgedrückt in Kilometern befindet sich die Mehrzahl der zu bauenden oder umzurüstenden Leitungen jedoch im Bereich der Niederspannung und der Mittelspannung, wie Abb. 5.1 illustriert.

Ebenfalls analysiert die DENA-Verteilnetzstudie verschiedene technische und regulatorische Optionen, die die Kosten positiv oder negativ beeinflussen könnten. Des Weiteren enthält die Studie Überlegungen zu möglichen Fortentwicklungen der Regulierung, der die Erlöse der Verteilnetzbetrieber (VNB) unterworfen sind. Laut der Untersuchung steckt ein großes Potenzial vor allem im Einsatz innovativer Netztechnologien, die laut DENA die Ausbaukosten fast bis um die Hälfte senken könnten. In diesem Fall verweisen die Autoren mit dem Begriff „innovative Netztechnologien" nicht unbedingt auf *smart grids,* also Maßnahmen im Bereich der Digitalisierung, sondern nennen auch Blindleistungskompensationsanlagen, regelbare Ortsnetztransformatoren oder Hochtemperaturleiter als mögliche Lösungen. In Bezug auf *smart grids* im Sinne von Laststeuerung geben die Autoren der Studie zu bedenken, dass dort, wie auch beim Einsatz von Stromspeichern, vor allem der Betriebsmodus den Einfluss auf die Netzkosten bestimmt. Wenn Stromspeicher oder Laststeuerung marktorientiert genutzt werden (also mit einem Fokus auf private Gewinnmaximierung an den Strommärkten), können sich das Handelsvolumen und damit der Verteilnetzausbaubedarf sogar erhöhen. Nur wenn diese Instrumente netzorientiert

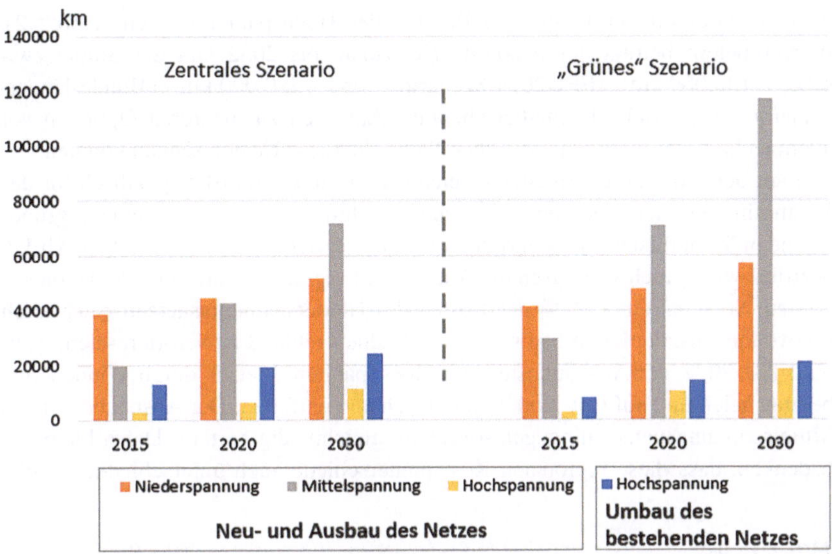

Abb. 5.1 Prognose des Verteilnetzausbaubedarfs (in km) laut DENA. (Quelle: Eigene Darstellung in Anlehnung an [30])

genutzt werden (also mit Hinblick auf eine Optimierung des Netzbetriebes), sei auch eine gewisse Reduktion des Verteilnetzausbaubedarfes zu erwarten, so die DENA-Studie, die dem netzorientierten Lastflussmanagement jedoch nur geringe bzw. gar vernachlässigbare Kostenreduktionspotenziale attestiert.

BMWi-Studie
Die zweite hier vorgestellte Studie wurde durch E-Bridge Consulting GmbH, dem Institut für Elektrische Anlagen und Energiewirtschaft (IAEW) der RWTH Aachen, sowie von dem Oldenburger Forschungs- und Entwicklungsinstitut für Informatik (OFFIS) im Auftrag des Bundesministeriums für Wirtschaft und Energie (BMWi) durchgeführt und im September 2014 veröffentlicht. Sie ermittelte für den Zeithorizont bis 2032 einen durch die Energiewende zusätzlich herbeigeführten Verteilnetz-Investitionsbedarf von 23,3 Mrd. € (Hauptszenario unter Berücksichtigung der EEG-Reform 2014). Basierend auf den Szenarien des NEP2013 (vor der EEG-Reform 2014) sei sogar mit 28 Mrd. € für denselben Zeitraum zu rechnen, so die Studie. In einem Szenario mit zusätzlichen bundeslandspezifischen Potenzialen für den Erneuerbaren-Ausbau könne die Summe sogar auf 48,9 Mrd. € steigen [27]. Auch gemäß den Ergebnissen dieser Studie

liegt ein Großteil der Kosten im Bereich der Hochspannung (siehe Abb. 5.2). In Kilometern beträgt der benötigte Netzzubau bis 2032 laut der Studie zwischen 130.000 km (EEG2014-Szenario) und 280.000 km (Bundesländer-Szenario). Die Studie beinhaltet ebenfalls Analysen zu mehreren Optionen vor allem technischer und regulatorischer Natur, die diese Kosten senken könnten.

Laut den Autoren dieser Studie seien die Zusatzkosten (die spezifisch für das Voranschreiten der Energiewende anfallen) hinzuzurechnen zu einem grundlegenden Modernisierungsbedarf der Verteilnetze, der 2012 mit jährlich 18 Mrd. € beziffert wird. Auch verweisen die Autoren auf regionale Unterschiede bei diesen Kosten. So seien circa 60 % der Kosten des Niederspannungsnetzausbaus durch Fotovoltaik Installationen bedingt, die in Süddeutschland zu verorten seien, während fast 70 % der Ausbaukosten des Hochspannungsnetzes durch Windenergie bedingt seien und auf Ost- und Norddeutschland entfallen. Der Ausbaubedarf des Mittelspannungsnetzes hingegen sei relativ gleichmäßig verteilt. Dabei bleibe zu bedenken, dass diese regionalen Kostenunterschiede auch unterschiedlich starke

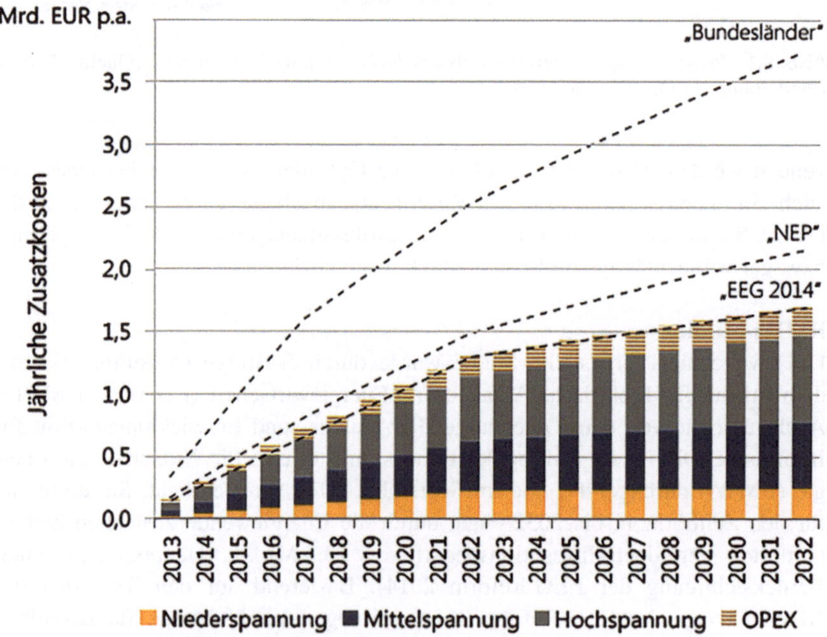

Abb. 5.2 Prognose der Kosten des Verteilnetzausbaus laut E-Bridge. (Mit freundlicher Genehmigung von E-Bridge Consulting GmbH 2014. All rights reserved [27])

Erhöhungen der Netzentgelte für die Verbraucher nach sich ziehen könnten. Um jedoch den Kostenanstieg zu senken, schlagen die Autoren vor allem erweiterte Möglichkeiten zum Einspeisemanagement der Erneuerbaren Energien und einen verstärkten Einsatz von regelbaren Ortsnetztransformatoren vor, sowie teilweise auch IKT-gestützte Lösungen. Insgesamt erwartet die Studie so Einsparungspotenziale von durchschnittlich bis zu 20 % der 2013 bis 2032 anfallenden Kosten. Die Kosteneinsparpotenziale durch netzorientiertes Lastflussmanagement erachten die Autoren der BMWi-Studie, wie bereits auch jene der DENA-Studie, für eher geringfügig, da die Einspeisung zumeist einen größeren Kostenfaktor als der Verbrauch darstelle.

5.3 Betrachtung der Referenzstudien und Ausblick

Den beiden Referenzstudien kommt das Verdienst zu, die Diskussion um zukünftiges Management der Verteilnetze im Zuge der Energiewende angestoßen zuhaben. Dies gilt beispielsweise für die Ausdifferenzierung der makroökonomischen Nutzen verschiedener technologischer Optionen je nach Verwendung – etwa in Bezug auf die Frage, ob eine Batterie marktorientiert oder netzorientiert verwendet wird. Ebenfalls lieferten die beiden Referenzstudien wichtige Impulse für die bereits erwähnte Novelle der Anreizregulierungsverordnung.

Auch im Bereich der Netzausbauplanung wurde eine weitere der von beiden Studien aufgezeigten Handlungsoptionen vom Gesetzgeber bereits aufgegriffen: Statt der Netzplanung die Vorgabe zu setzen, sämtliche Erneuerbaren-Erzeugung voll aufnehmen zu können, soll den Netzbetreibern erlaubt werden, die Netze bereits von vornherein unter der Annahme zu planen, dass ein kleiner Teil der (nur sehr selten auftretenden) Erzeugungsspitzen der Erneuerbaren-Anlagen abgeregelt werden kann. So soll vermieden werden, dass ein erheblicher Netzausbau nur für wenige Stunden im Jahr realisiert wird. Diese Idee fand sich beispielsweise auch in der Diskussion 2015/216 über eine Reform des Strommarkts wieder, in Bezug auf potenzielle Anwendungsmöglichkeiten sowohl im Übertragungsnetz als auch im Verteilnetz [31], und wurde anschließend im Energiewirtschaftsgesetz verankert (EnWG § 11, Absatz 2).

Trotz einiger Unterschiede in den Ergebnissen bestätigen die beiden, viel beachteten Studien den großen Handlungsbedarf im Bereich des Verteilnetzausbaus, der für die Betreiber eine Herausforderung sowohl finanzieller als auch technischer Natur darstellt. Dabei ist zu bedenken, dass die Situation des Verbrauchs und der Erzeugung in den deutschen Verteilnetzen überaus heterogen ist, was die Erfassung und die Planung des Ausbaubedarfs zusätzlich erschwert [27].

In Anbetracht des großen geschätzten Ausbaubedarfs spricht sich die DENA-Studie deutlich für eine Reform der Anreizregulierung aus. Damit könne zum einen die finanzielle Situation der durch die Anreizregulierung benachteiligten Verteilnetzbetreiber entlastet werden, zum anderen die Potenziale der beschriebenen Kostensenkungsoptionen besser ausgeschöpft werden [32]. Auch die BMWi-Studie betont, dass die Anreizregulierung anzupassen sei, um nicht weiterhin Investitionen für langfristige, strukturelle Kostensenkungen gegenüber kurzfristigen Maßnahmen zu benachteiligen [27]. Ob die erwähnte Novelle der Anreizregulierung im Jahre 2016 diese Vorschläge hinreichend aufgegriffen hat und ob noch weiterer Reformbedarf besteht, wäre in einer separaten Untersuchung auszuwerten, im Hinblick auf Erfahrungswerte der Netzbetreiber und Regulierer bezüglich der Umsetzung.

Festzuhalten ist, dass einerseits die Verteilnetzbetreiber eine wichtige Rolle bei der Netzintegration der erneuerbaren Energien spielen, sie sich andererseits dabei in einem eingegrenzten Rahmen bewegen, der von der Regulierung vorgegebenen wird. In Anbetracht der Tatsache, dass laut der Referenzstudien bis Anfang der 2030er-Jahre jährlich mehrere Milliarden in die Verteilnetze investiert werden müssen, wird deutlich, dass die Ausgestaltung der Anreizregulierung im Zweifelsfall darüber entscheiden kann, inwieweit die Verteilnetzbetreiber in der Lage dazu sein werden, die örtlich entstehenden, dezentralen Erzeugungskapazitäten ins Gesamtsystem zu integrieren.

Was Sie aus diesem *essential* mitnehmen können

- Es besteht ein massiver Ausbaubedarf für die Stromnetze in Deutschland, verursacht durch eine Vielzahl von Faktoren und Transformationsprozessen (Ausbau der erneuerbaren Energien, Abschaltung der Kernkraftwerke, geografische Lage mancher fossiler Kraftwerke, europäische Marktintegration, versäumter Ost-West-Netzausbau, Alter des bestehenden Netzes).
- Bei der Bezifferung und Beurteilung dieses Ausbaubedarfs ist eine differenzierte Herangehensweise angebracht. So können zum Beispiel Kosten- oder Kilometerangaben weder endgültig festgehalten werden (da Übertragungsnetzbetreiber, Regulierer und andere Akteure in verschiedenen Jahrgängen jeweils verschiedene Analysen erstellt haben), noch kann der Ausbaubedarf auf einen einzigen Auslöser zurückgeführt werden, da wie erwähnt unterschiedliche Faktoren zu berücksichtigen sind. Auch die gegenseitigen Abhängigkeiten des europäischen Stromhandels und des deutschen Netzausbaus sind differenziert zu betrachten: so bleibt Deutschland trotz Energiewende zwar auch weiterhin Netto-Stromexporteur, doch geht diese Stärke beim Export oft einher mit einer steigenden Beeinträchtigung der Stromnetze der Nachbarländer, die zunehmend zu Hilfe genommen werden bei Überproduktionen oder Netzengpässen in Deutschland.
- Politik, Regulierungsbehörden und Übertragungsnetzbetreiber haben mehrere neue Strategien und regulatorische Vorgehensweisen geschaffen, um den enormen Netzausbaubedarf auf koordinierte und sachgemäße Weise umsetzen zu können. Der Austausch mit Bevölkerung und Vereinen wurde dabei ebenfalls betont; dennoch kam es dabei zu – bisweilen vehementer – Kritik an den Übertragungsnetz-Ausbauplänen. Auch die Umsetzung dieser Ausbaupläne war oft Verzögerungen ausgesetzt, die teils durch örtliche Details und teils durch die erneut aufgeflammte politische Debatte um den Netzausbau

© Springer Fachmedien Wiesbaden GmbH, ein Teil von Springer Nature 2018

J. J. Bürger, *Transformationsprozesse und Stromnetzausbau,* essentials,

https://doi.org/10.1007/978-3-658-23382-2

verursacht wurden. Ähnlich komplex gestaltete sich die Reform der Anreizregulierung, die es Verteilnetzbetreibern einerseits ermöglichen sollte, die für
ihr Netz notwendigen Zukunftsinvestitionen zu tätigen, andererseits aber auch
zur bestmöglichen Kosteneffizienz führen sollte. Es bleibt zu hoffen, dass die
mittlerweile gefundenen Lösungen für Planung und Regulierung des Stromnetzausbaus in der Praxis zu einem effizienten Netzausbau führen werden.

Literatur

1. 50 Hertz (2016). Historischer Hintergrund. http://www.50hertz.com/de/50Hertz/Historischer-Hintergrund.
2. Schossig, Walter (2015). 20 Jahre Elektrische Wiedervereinigung Deutschlands. In: Historie der Elektrotechnik. Sonderdruck aus VDE ETG-Mitgliederinformation Juli 2015. https://www.vde.com/de/Regionalorganisation/Bezirksvereine/Kassel/Berichte/2016/Documents/Wiedervereinigung/ETG-MI-2015-2%20S.42-49.pdf.
3. 50 Hertz (2012). Bundeskanzlerin Angela Merkel und Ministerpräsident Erwin Sellering weihen neue Stromleitung von 50Hertz zwischen Schwerin und Hamburg ein. Pressemitteilung.
4. Fichtner, Nikolai (2012). Netzausbau billiger als gedacht. In: Financial Times Deutschland. Online-Artikel. http://www.ftd.de/politik/deutschland/:energiewende-netzausbau-billiger-als-gedacht/70060705.html.
5. Kurth, Matthias (2006). BAM-Gutachten zu den Stromausfällen im Münsterland im November 2005. Pressekonferenz 8. Juni 2006. Matthias Kurth, Präsident der Bundesnetzagentur.
6. Schulte, Ewald B. (2005). Strommasten aus der Vorkriegszeit. Dennoch plant RWE keinen Komplett-Austausch. In: Berliner Zeitung, Online. http://www.berliner-zeitung.de/archiv/dennoch-plant-rwe-keinen-komplett-austausch-strommasten-aus-der-vorkriegszeit,10810590,10344982.html.
7. Bundesnetzagentur (2006). Untersuchungsbericht über die Versorgungsstörungen im Netzgebiet des RWE im Münsterland vom 25.11.2005. Durch die Bundesnetzagentur für Elektrizität, Gas, Telekommunikation, Post und Eisenbahnen.
8. DENA (2005). Energiewirtschaftliche Planung für die Netzintegration von Windenergie in Deutschland an Land und Offshore bis zum Jahr 2020. Konzept für eine stufenweise Entwicklung des Stromnetzes in Deutschland zur Anbindung und Integration von Windkraftanlagen Onshore und Offshore unter Berücksichtigung der Erzeugungs- und Kraftwerksentwicklungen sowie der erforderlichen Regelleistung. Studie im Auftrag der Deutschen Energie-Agentur GmbH (dena), Konsortium DEWI/E.ON Netz/EWI/RWE Transportnetz Strom/VE Transmission. http://www.dena.de/fileadmin/user_upload/Publikationen/Energiesysteme/Dokumente/dena-Netzstudie.pdf.

© Springer Fachmedien Wiesbaden GmbH, ein Teil von Springer Nature 2018
J. J. Bürger, *Transformationsprozesse und Stromnetzausbau,* essentials,
https://doi.org/10.1007/978-3-658-23382-2

9. DENA (2005). Zusammenfassung der wesentlichen Ergebnisse der Studie „Energie-wirtschaftliche Planung für die Netzintegration von Windenergie in Deutschland an Land und Offshore bis zum Jahr 2020" (dena-Netzstudie) durch die Projekt-steuerungsgruppe. http://www.dena.de/fileadmin/user_upload/Publikationen/Energie-dienstleistungen/Dokumente/dena_netzstudie_1_zusammenfassung.pdf.

10. DENA (2010). DENA-Netzstudie II. Integration erneuerbarer Energien in die deut-sche Stromversorgung im Zeitraum 2015 – 2020 mit Ausblick auf 2025. http://www.dena.de/fileadmin/user_upload/Publikationen/Erneuerbare/Dokumente/Endbericht_dena-Netzstudie_II.PDF.

11. DENA (2010). dena-Netzstudie II – Integration erneuerbarer Energien in die deutsche Stromversorgung im Zeitraum 2015 – 2020 mit Ausblick 2025. Zusammenfassung der wesentlichen Ergebnisse durch die Projektsteuerungsgruppe. http://www.dena.de/fileadmin/user_upload/Publikationen/Erneuerbare/Dokumente/Ergebniszusammen-fassung_dena-Netzstudie.pdf.

12. Deutscher Bundestag (2012). Unterrichtung durch die Bundesregierung. Bericht nach § 3 des Energieleitungsausbaugesetzes. Drucksache 17/11871. http://dip21.bundestag.de/dip21/btd/17/118/1711871.pdf.

13. Übertragungsnetzbetreiber (2012). Netzentwicklungsplan Strom 2012. Überarbeitete Fassung. 2. Überarbeiteter Entwurf der Übertragungsnetzbetreiber.

14. Deutscher Bundestag (2008). Gesetzentwurf der Bundesregierung. Entwurf eines Gesetzes zur Beschleunigung des Ausbaus der Höchstspannungsnetze. Drucksache 16/10491. http://dip21.bundestag.de/dip21/btd/16/104/1610491.pdf.

15. BNetzA (2013). Leitungsvorhaben aus dem Energieleitungsausbaugesetz. Stand nach dem dritten Quartal 2013. Aufruf der Seite am 17.12.2013 (Informationen wurden seitdem aktualisiert; ältere Informationen nur noch über das dortige „EnLAG-Archiv" verfügbar): http://www.netzausbau.de/leitungsvorhaben/de.html?cms_map=3.

16. BNetzA (2016). EnLAG-Monitoring. Stand des Ausbaus nach dem Energieleitungs-ausbaugesetz (EnLAG) zum ersten Quartal 2016. http://www.netzausbau.de/SharedDocs/Downloads/DE/Vorhaben/EnLAG/EnLAG-Bericht.pdf?__blob=publica-tionFile.

17. BnetzA (2018). EnLAG-Monitoring. Stand des Ausbaus nach dem ersten Quartal 2018. https://www.netzausbau.de/SharedDocs/Downloads/DE/Vorhaben/EnLAG/EnLAG-Bericht.pdf.

18. BNetzA/BKartA (2015). Monitoringbericht 2015. Monitoringbericht gemäß § 63 Abs. 3 i. V. m. § 35 EnWG und § 48 Abs. 3 i. V. m. § 53 Abs. 3 GWB.

19. BNetzA (2015). Leitungsvorhaben aus dem Energieleitungsausbaugesetz. Stand nach dem vierten Quartal 2014 / Stand nach dem vierten Quartal 2015. Aufruf der Seite am 24.2.2015 und am 24.2.2016 (dortige Informationen werden fortlaufend aktualisiert; ältere Informationen nur noch über das dortige „EnLAG-Archiv" verfügbar): http://www.netzausbau.de/leitungsvorhaben/de.html?cms_map=3.

20. BNetzA (2018). Bundesnetzagentur veröffentlicht Zahlen zu Redispatch und Ein-speisemanagement für 2017. Pressemitteilung. https://www.bundesnetzagentur.de/SharedDocs/Pressemitteilungen/DE/2018/20180618_NetzSystemSicherheit.html.

21. BNetzA (2013). Bestätigung Netzentwicklungsplan 2013. Bestätigung des Netzent-wicklungsplans Strom 2013 durch die Bundesnetzagentur für Elektrizität, Gas, Tele-kommunikation, Post und Eisenbahnen.

22. BNetzA (2018). BBPlG-Monitoring. Stand des Ausbaus nach dem ersten Quartal 2018. https://www.netzausbau.de/SharedDocs/Downloads/DE/Vorhaben/BBPlG/BBPlG-Bericht.pdf.
23. Übertragungsnetzbetreiber (2014). Offshore-Netzentwicklungsplan 2012. Zweiter Entwurf der Übertragungsnetzbetreiber.
24. BNetzA (2015). Bedarfsermittlung 2024. Bestätigung Offshore-Netzentwicklungsplan (Zieljahr 2024).
25. Übertragungsnetzbetreiber (2016). Netzentwicklungsplan Strom 2025, Version 2015. Zweiter Entwurf der Übertragungsnetzbetreiber.
26. DENA (2012). Das deutsche Stromnetz. http://www.dena.de/fileadmin/user_upload/Presse/Meldungen/2012/Schaubild_Stromnetz.pdf.
27. E-Bridge Consulting GmbH (2014). Forschungsprojekt Nr. 44/12 „Moderne Verteilernetze für Deutschland" (Verteilernetzstudie). Abschlussbericht. Studie im Auftrag des Bundesministeriums für Wirtschaft und Energie (BMWi). http://www.bmwi.de/BMWi/Redaktion/PDF/Publikationen/Studien/verteilernetzstudie,property=pdf,bereich=bmwi2012,sprache=de,rwb=true.pdf.
28. Freie und Hansestadt Hamburg (2015). Rückkauf der Energienetze. Umsetzung Schritt für Schritt. http://www.hamburg.de/energiewende/4110666/ergebnis-volksentscheid/.
29. BMWi (2016). Kabinett billigt Anreizregulierungsverordnung. Bundesministerium für Wirtschaft und Energie (BMWi). https://www.bmwi.de/Redaktion/DE/Pressemitteilungen/2016/20160803-kabinett-billigt-anreizregulierungsverordnung.html.
30. DENA (2012). Ausbau – und Innovationsbedarf der Stromverteilnetze in Deutschland bis 2030. dena-Verteilnetzstudie. Endbericht.
31. BMWi (2015). Ein Strommarkt für die Energiewende. Ergebnispapier des Bundesministeriums für Wirtschaft und Energie (Weißbuch). Bundesministerium für Wirtschaft und Energie (BMWi).
32. DENA (2012). Eine erfolgreiche Energiewende bedarf des Ausbaus der Stromverteilnetze in Deutschland. dena-Verteilnetzstudie: Zusammenfassung der zentralen Ergebnisse der Studie „Ausbau- und Innovationsbedarf in den Stromverteilnetzen in Deutschland bis 2030" durch die Projektsteuergruppe.